Sachia Victor Gwajime
Henry Aondowase Tyoyue
Agnes Suleiyol Tyoyue

Soluções sustentáveis: Estabilização do solo de algodão preto

Sachia Victor Gwajime
Henry Aondowase Tyoyue
Agnes Suleiyol Tyoyue

Soluções sustentáveis: Estabilização do solo de algodão preto

com polietileno biodegradável

ScienciaScripts

Imprint

Any brand names and product names mentioned in this book are subject to trademark, brand or patent protection and are trademarks or registered trademarks of their respective holders. The use of brand names, product names, common names, trade names, product descriptions etc. even without a particular marking in this work is in no way to be construed to mean that such names may be regarded as unrestricted in respect of trademark and brand protection legislation and could thus be used by anyone.

Cover image: www.ingimage.com

This book is a translation from the original published under ISBN 978-620-8-11653-8.

Publisher:
Sciencia Scripts
is a trademark of
Dodo Books Indian Ocean Ltd. and OmniScriptum S.R.L publishing group

120 High Road, East Finchley, London, N2 9ED, United Kingdom
Str. Armeneasca 28/1, office 1, Chisinau MD-2012, Republic of Moldova, Europe
Printed at: see last page
ISBN: 978-620-8-16149-1

SOLUÇÕES SUSTENTÁVEIS: ESTABILIZAÇÃO DO SOLO DE ALGODÃO NEGRO COM POLIETILENO BIODEGRADÁVEL

GWAJIME SACHIA VICTOR

UNIVERSIDADE DO EXÉRCITO NIGERIANO DE BIU, ESTADO DE BORNO, NIGÉRIA SACHIAVICTOR5@GMAIL.COM

+234 903 565 4120

HENRY AONDOWASE TYOYUE

BENUE STATE UNIVERSITY, MAKURDI, NIGÉRIA TYOYUEHENRYA@GMAIL.COM

+234 816 605 7168

&

AGNES SULEIYOL TYOYUE

TYOYUE BUSINESS WORLD LIMITED, ABUJA, NIGÉRIA AGNESTYOYUE@GMAIL.COM

+234 816 849 2957

RESUMO

Este livro explora a estabilização do solo de algodão preto utilizando polietileno biodegradável como uma alternativa sustentável aos métodos convencionais. A terra preta de algodão é conhecida pelas suas elevadas propriedades de inchamento e retração, o que coloca desafios à construção. Ao incorporar tiras de polietileno biodegradável, este estudo tem como objetivo melhorar as propriedades geotécnicas do solo e, ao mesmo tempo, resolver o problema dos resíduos plásticos. Os resultados experimentais indicam que a adição de polietileno melhora significativamente a resistência ao cisalhamento, a capacidade de suporte e a resistência à compressão. O teor ótimo de polietileno foi determinado em 2% do peso do solo, produzindo o melhor desempenho em termos de California Bearing Ratio (CBR) e capacidade de carga. Este estudo demonstra o potencial do polietileno biodegradável como uma solução eficaz e ecológica para estabilizar o solo de algodão preto, contribuindo para práticas de construção sustentáveis e oferecendo um duplo benefício de gestão dos resíduos de plástico ao mesmo tempo que melhora a estabilidade do solo.

Palavras-chave: Terra preta de algodão, Estabilização do solo, Polietileno biodegradável, Construção sustentável, Propriedades geotécnicas

CAPÍTULO 1

INTRODUÇÃO

Antecedentes do estudo

As ideias e os métodos de estabilização do solo existem há séculos. O conceito de estabilização do solo de algodão em bloco é que o solo está a ser alterado de alguma forma, quer seja mecânica ou quimicamente, para fixar o solo no lugar e evitar que se mova. Por exemplo, imagine que pretende construir uma casa grande e bonita numa zona pantanosa. A zona pantanosa está continuamente húmida e, por vezes, seca. Quando a área está húmida, não é possível caminhar sobre o solo sem se afundar nele. Neste caso, se construísse a sua bela casa nesse solo, assim que este ficasse húmido, a casa quase se desmoronaria. Para reduzir o risco de a sua bela casa ruir, teria de fazer algo para impedir que o solo se movesse. Pode fazê-lo misturando alguns produtos químicos ou compactando o solo de forma a torná-lo mais estável. Cada uma destas opções é um método de estabilização do solo. Ao estabilizar qualquer solo de algodão preto para construção, está normalmente a tentar fortalecer o solo ou impedir que se desloque, para que a estrutura acima permaneça intacta durante o máximo de tempo possível. A estabilização do solo de algodão em bloco é um processo pelo qual as propriedades físicas do solo são transformadas para proporcionar ganhos de resistência permanentes a longo prazo. A estabilização é conseguida através do aumento da resistência ao cisalhamento e da capacidade de suporte geral de um solo. Uma vez estabilizado, forma-se um monólito sólido que diminui a permeabilidade, o que, por sua vez, reduz o potencial de contração/inchaço e os efeitos nocivos dos ciclos de congelação/degelo. O potencial de contração/inchaço de um solo é a quantidade de volume que um solo pode alterar em função do teor de humidade. Alguns solos expansivos podem expandir-se até dez por cento! Esta mudança drástica de volume pode facilmente produzir força suficiente para causar danos graves numa casa, num edifício ou numa estrada. A estabilização do solo pode melhorar os solos in-situ, ou em estado natural, eliminando a necessidade de operações dispendiosas de remoção e substituição. Muitas vezes, os solos de algodão preto que constituem a base estrutural de estradas, plataformas de construção ou parques de estacionamento são tratados quimicamente para controlar as propriedades de engenharia de um solo, como o teor de humidade. A estabilização do solo de algodão preto é conseguida através da compactação ou de outros produtos químicos, como o cimento Portland. Estes produtos químicos baseiam-se em reacções pozolânicas para formar ligações permanentes entre as partículas do solo. Os testes pré-projeto são essenciais para garantir que existe material suficiente para estabilizar permanentemente o solo.

Declaração do problema

Na Nigéria, existem muitos materiais biodegradáveis, como o polietileno, os plásticos, as cascas de amendoim, a casca de arroz e o pó de pedreira. Existe uma variação na formação natural do solo de algodão preto, o que constitui um desafio para os engenheiros. São altamente plásticos e compressíveis; são naturalmente biodegradáveis, especialmente quando expostos à luz solar e a outras actividades bacterianas naturais, mas apenas durante um longo período de tempo antes de se decomporem completamente. Estes materiais não são totalmente inúteis, uma vez que podem ser reciclados, especialmente quando as estruturas são feitas com eles.

Finalidade e objectivos

O objetivo da investigação é estudar a estabilização da terra preta de algodão utilizando o polietileno como material biodegradável.

Assim, os objectivos são:

1. Investigar a resistência à compressão não confinada (UCS) do solo preto de

algodão estabilizado.

2. Investigar o coeficiente de suporte californiano do solo de algodão preto estabilizado.

3. Efetuar ensaios preliminares sobre o solo natural de algodão preto (BCS) e o polietileno como estabilizador.

Justificação do estudo

O presente estudo é um dos numerosos esforços de investigação destinados a melhorar as caraterísticas de resistência de engenharia do solo de algodão preto (BCS), que é considerado inadequado para estruturas de engenharia civil; torná-lo mais eficaz e adequado como material de engenharia através de alguns dos métodos não são economicamente viáveis, mas a utilização de polietileno para melhorar as caraterísticas de resistência do solo e torná-lo útil para o desempenho de engenharia a uma taxa económica menor, porque o polietileno é um material residual em Biu, em vez de desperdiçar, reciclar e fazer melhor uso dele.

Âmbito do estudo

Os solos de algodão negro em Biu têm baixa fertilidade e são pobres em matéria orgânica, azoto, fósforo disponível e zinco. A utilização de fertilizantes e estrume resulta num aumento do rendimento das culturas.

Importância do estudo

O objetivo deste estudo é determinar a dose óptima do estabilizador, que melhora a resistência e a capacidade de suporte do solo, menos adequado para construções.

CAPÍTULO 2
REVISÃO DA LITERATURA

Solo de algodão preto

A terra preta de algodão é um tipo de solo único, muito favorável à cultura do algodão. O seu elevado teor de argila e a sua cor preta, que resulta da presença de magnetite titanífera, tornam-na ideal para o cultivo do algodão. Formada nas regiões tropicais e subtropicais do mundo, a terra preta de algodão é rica em nutrientes como o cálcio, o carbonato, a potassa, a cal, o ferro e o magnésio. Este tipo de solo retém bem a humidade e apoia o crescimento das plantas de algodão, mas também tem o seu próprio conjunto de caraterísticas únicas. (Pwoolwanti, 2021)

Caraterísticas gerais dos solos de algodão preto

Os solos de algodão preto são argilas expansivas. Absorvem muita água, incham, tornam-se moles e perdem força, são facilmente compressíveis quando húmidos e têm tendência para se elevar durante a estação das chuvas, encolhem muito quando secam e desenvolvem fendas na superfície. A largura máxima da fenda pode atingir 20 mm ou mais e penetrar profundamente no solo. Um pedaço de solo de algodão preto seco requer um martelo para se partir (Murthy, 2009). Durante a estação das chuvas, o solo torna-se muito pegajoso e muito difícil de percorrer. A sua cor varia de cinzento-escuro a preto, provavelmente devido à presença de compostos de ferro e titânio. É classificado como um solo A-7-6 de acordo com o sistema de classificação da AASHTO e tem uma propriedade de índice que é pobre para utilização em engenharia. (Chabrillet et al, 2002) relataram uma elevada incidência de danos em estradas, serviços públicos e estruturas residenciais e comerciais com cargas ligeiras, onde o leito rochoso argiloso foi identificado como sendo constituído por camadas mistas de ilite com frequentes camadas de bentonite, sendo o solo classificado como tendo um potencial de inchamento moderado a muito elevado. A construção de pavimentos rodoviários sobre solos de algodão negro tem sido uma tarefa constante para os engenheiros rodoviários; isto deve-se às caraterísticas inerentes às alterações extremas de volume, às tendências expansivas e à baixa capacidade de suporte em condições de humidade. Além disso, as propriedades geotécnicas e de índice deste material indicam uma classificação que conota a inadequação para utilização como sub-base. O solo expansivo é um solo residual que resulta da meteorização da rocha-mãe. A profundidade destes solos nalgumas regiões pode atingir os 6 m ou mais. (Adamu, K. G 2022) referiu que o solo preto de algodão da zona de Deba, no nordeste da Nigéria, pertence ao grupo CH e ao grupo A-7-6 e é considerado um material fraco na construção de engenharia. Além disso, estes solos são altamente expansivos; por isso, precisam de ser devidamente estabilizados para melhorar o desempenho de engenharia dos solos.

Propriedades de engenharia do solo de algodão preto (BCS)

O solo expansivo (solo de algodão preto) é muito fraco e não tem estabilidade suficiente para qualquer tipo de trabalho de construção. Para tornar o solo de sub-base estável, é essencial melhorar as suas propriedades de engenharia. No presente trabalho, a estabilização do solo de base utilizando uma percentagem constante de areia por peso de solo, o polietileno é utilizado para aumentar a resistência do solo de base. O objetivo deste estudo é determinar a dose ideal do estabilizador, que melhora a resistência e a capacidade de suporte do solo, o que é menos adequado para a estrutura do pavimento. Para avaliar a resistência do solo, foram efectuados em laboratório vários ensaios, como a análise granulométrica, o limite líquido, o limite plástico, a gravidade específica, a compactação (OMC, MDD) e o ensaio CBR. O resultado mostra que a utilização dos materiais acima referidos em combinação aumenta os valores do rácio de capacidade de suporte da Califórnia (CBR):

Plasticidade: A terra preta de algodão tem uma elevada plasticidade devido à presença de um elevado teor de argila. **Comportamento de retração-inchaço:** O solo incha quando está húmido e encolhe quando está seco, o que provoca fissuras e instabilidade.

Compressibilidade: O solo é altamente compressível, o que facilita o seu assentamento.

Permeabilidade: A terra preta de algodão tem baixa permeabilidade, o que dificulta a penetração e a drenagem da água através do solo.

Resistência ao cisalhamento: O solo tem uma baixa resistência ao cisalhamento, o que o torna suscetível à rutura e instabilidade de taludes.

Capacidade de suporte: O solo tem uma fraca capacidade de suporte, o que o torna inadequado para a construção de fundações pouco profundas.

Tipos de terra preta de algodão

Terra preta rasa

A terra preta rasa refere-se a um tipo de solo caracterizado por uma profundidade limitada do perfil do solo e uma camada superficial preta ou de cor escura. A terra preta rasa é encontrada em regiões com temperaturas elevadas e baixa pluviosidade e é tipicamente composta por material argiloso e/ou limoso com baixo teor de matéria orgânica.

Terra preta média

A terra preta média é um tipo de solo que se caracteriza por uma profundidade moderada do perfil do solo e uma camada superficial preta ou escura. Encontra-se normalmente em regiões com temperatura e precipitação moderadas e é composta por materiais argilosos, limosos e siltosos com um teor moderado de matéria orgânica.

Solo negro profundo

A terra preta profunda é um tipo de solo que se caracteriza por um perfil de solo profundo e uma camada superficial preta ou escura. Encontra-se normalmente em regiões com temperatura e precipitação moderadas e é composta por materiais argilosos, limosos e siltosos com elevado teor de matéria orgânica.

Formação da terra preta de algodão

A terra preta forma-se nas regiões tropicais e subtropicais em condições climáticas e geológicas específicas. As etapas da formação da terra preta são as seguintes

Intemperismo: A meteorização do material rochoso de origem, como o basalto e o granito, leva à formação de partículas de solo.

Deposição: As partículas do solo são depositadas na área através de vários processos, como a deposição fluvial, a deposição eólica e a deposição glacial.

Acumulação de matéria orgânica: A matéria orgânica acumula-se no solo devido à decomposição de material vegetal e animal.

Desenvolvimento do perfil do solo: A acumulação de matéria orgânica e a meteorização das partículas do solo conduzem ao desenvolvimento de um perfil do solo com diferentes camadas de solo

Formação da camada negra: A acumulação de matéria orgânica na camada superficial leva à formação de uma camada de cor escura ou preta no perfil do solo.

Clima: O clima da região, incluindo temperaturas elevadas e precipitação moderada a baixa, afecta a formação e as caraterísticas da terra preta. Devido às suas fracas propriedades de engenharia, a terra preta de algodão requer um tratamento especial durante a construção, como técnicas de estabilização do solo, para melhorar a sua estabilidade e capacidade de carga.

Minerais argilosos.

Os minerais de argila são formados principalmente pela alteração de outros minerais por acções de meteorização. A dimensão das partículas dos argilominerais é inferior a 2 microns, podendo estar presentes sob a forma de plástico na presença de água e solidificar quando secas. A pequena dimensão e a sua estrutura cristalina caraterística tornam os minerais de argila muito especiais, com as suas propriedades únicas, incluindo elevada capacidade de troca catiónica, comportamento de inchamento, área de superfície específica, capacidade de adsorção, etc. Devido a todas estas propriedades únicas, os minerais de argila estão a ganhar interesse em diferentes domínios (Neeraj Kumari e Chandra Mohan 2021).

Os minerais de argila são os principais componentes das matérias-primas da argila e formam-se na presença de água. São filossilicatos hidratados, o que significa que têm uma estrutura em camadas constituída por folhas de sílica (SiO_4) e alumina (Al_2O_3) com moléculas de água no meio. Os minerais argilosos também podem conter quantidades variáveis de iões inorgânicos, como Mg^{2+}, Na^+ e Ca^{2+}, que se encontram no espaço entre camadas ou na superfície planetária.

Os minerais de argila são classificados com base na presença de camadas tetraédricas e octaédricas na sua estrutura. A caulinite é um mineral de argila 1:1, o que significa que tem uma folha tetraédrica por cada folha octaédrica. A esmectite é um mineral de argila 2:1, o que significa que tem duas folhas tetraédricas por cada folha octaédrica. A clorite é também um mineral de argila 2:1, mas tem uma folha octaédrica adicional entre as duas folhas tetraédricas.

Estas folhas combinam-se em várias dezenas de formas diferentes para formar os minerais de argila, cada um com a sua própria química e estrutura, sendo que as três mais comuns são

Montmorillonite- São argilas sólidas de duas a uma (2-1) camadas, formadas a partir da meteorização de cinzas vulcânicas em condições de má drenagem. Consistem numa folha de alumina entre duas folhas de sílica. A ligação que mantém a folha é devida à força de van der wall e os iões permutáveis são uma ligação muito fraca e facilmente quebrada pela água ou outro fluido orgânico catiónico polar que entra entre as folhas, há uma substituição extensiva de sílica e alumina resultando numa deficiência de carga considerável. A grande quantidade de substituição desequilibrada resulta numa elevada capacidade de troca catiónica. Tem um rácio de espessura de partículas de cerca de 0,1 nm com um rácio diâmetro/espessura de 100-400. As moléculas de água entram facilmente entre as camadas que se expandem significativamente; o potencial de inchamento, a atividade e o limite de líquido são os mais elevados nestes grupos de argila.

Caulinita: A caulinite é formada a partir da meteorização de outros casos de feldspato em boas condições de drenagem com baixo PH. A caulinite é constituída por uma folha única de silício tetraédrico combinada com uma folha única de alumínio octaédrico. A folha combinada de sílica e alumínio é mantida unida por ligações de hidrogénio para formar o bloco básico da caulinite. Uma plaqueta de caulinite tem cerca de 0,05 mícron de espessura com uma relação diâmetro/espessura de cerca de 2:20. Tem baixo potencial de inchamento, baixa atividade, limite de líquido e baixa condutividade hidráulica.

Ilite: A ilite é muito estável e comum no solo e nos sedimentos. O cristal é constituído por uma folha de alumina entre duas folhas de sílica, pelo que é um mineral 2 para 1. As folhas combinadas estão ligadas entre si por ligações bastante fracas (não permutáveis). Os iões de potássio ocupam o espaço entre as folhas adjacentes e unem-nas com uma ligação forte. As partículas de ilite têm cerca de 10 nm de espessura e um rácio de diâmetro de cerca de 50. Os solos argilosos apresentam uma expansão volumétrica significativa na presença de água. A "terra preta de algodão" forma-se através de alterações físico-químicas dispendiosas. A illinite, a caulinite e a montmorilonite são mais susceptíveis de sofrer alterações de volume. O conteúdo de montrimolionite é o mineral de argila predominante na "terra preta de algodão" (Divya, 2021). A maior parte das nações do mundo está coberta por estes solos. As argilas negras de algodão da Índia são exemplos típicos de solos que cobrem uma área de cerca de 20 % da superfície terrestre total. De todos os solos, os solos argilosos são os mais pequenos. Ao contrário de todos os outros tipos de solos, existem muitas espécies diferentes de solos argilosos que variam em cor e caraterísticas. Embora toda a gente esteja familiarizada com os solos argilosos de cor vermelha, este solo em particular também se pode apresentar numa cor quase totalmente branca a um preto muito escuro. A maior diferença entre os solos argilosos e os outros tipos de solo, para além do tamanho das partículas, é o facto de desenvolverem plasticidade quando molhados. Um solo que se torna plástico quando molhado faz com que a forma do solo sofra uma deformação permanente. Isto significa que o solo se expandirá ou contrairá quando molhado, o que significa que o que quer que esteja em cima do solo tem a possibilidade de sofrer uma deformação de forma também. Devido à plasticidade do solo argiloso, a expansão e contração do solo causam grandes desafios quando se executa uma construção no solo. Normalmente, os solos à base de argila são removidos do local de construção ou tratados com um produto químico ou aditivo para endurecer o solo permanentemente.

Polietileno

Saqueta de água pura em polietileno (PWS)

(Bamidele I. O. Dahunsi et al. 2017) referiu que a análise de espetroscopia de infravermelhos indica que a amostra de saqueta de água de polietileno (PWS) contém poliolefina, poliamina secundária e poliamida. Também pode ser classificada como Polietileno Linear de Baixa Densidade (LLDPE). Saqueta de polietileno de baixa densidade (PEBD), popularmente conhecida como Água Pura. A saqueta de água pura (PWS) é o material de embalagem mais barato. Tornou-se popular em quase todas as comunidades mas, infelizmente, este facto deu origem a uma nova fonte de resíduos sólidos, uma vez que o PEBD tem uma taxa de degradação extremamente baixa (Ademiluyi et al., 2007). O polietileno utilizado nesta investigação é o polietileno de baixa densidade e foi recolhido nas nossas imediações. Este polietileno tem tendência para reter tensões e pode aumentar a capacidade de suporte da amostra de solo selecionada.

Preparação da amostra

As amostras são preparadas com uma mistura de solo de algodão preto + polietileno. A proporção da mistura de polietileno é de 0%, 1%, 2%, 3% e 4% da amostra de solo. Os plásticos podem ser considerados materiais de construção, uma vez que estão a ser utilizados para vários fins na nossa vida quotidiana (Gnanavel et al., 2012). Na maioria dos países, esta poluição plástica é causada devido a sistemas inadequados de reciclagem e gestão de resíduos (Jayasiri et al, 2013). A biodegradação é um processo que inclui microrganismos como bactérias e fungos que podem degradar o polietileno e, portanto, o processo de biodegradação é uma tendência futura neste campo de degradação (Gu et al, 2000). A degradação microbiana do plástico é levada a cabo por actividades enzimáticas que conduzem à decomposição do polímero em monómeros e oligómeros, seguida de metabolismo pelas células microbianas. O metabolismo aeróbio leva à produção de dióxido de carbono e água (Starnecker e Menner, 1996) e, pelo contrário, o metabolismo anaeróbio produz dióxido de carbono, água e metano como produtos finais (Gu et al., 2000). A utilização mundial de polietileno está a aumentar a uma taxa de 12% por ano e são produzidos aproximadamente 140 milhões de toneladas de polímeros sintéticos por ano (Shimao, 2001). São necessários milhares de anos para que a sua degradação seja eficaz. Uma enorme quantidade de polietileno acumula-se no ambiente, pelo que a sua eliminação cria um grande problema em termos de ecologia. Para o efeito, existem alguns métodos possíveis: a biodegradação e a biociclagem (Yang et al., 2005). Atualmente, a degradação enzimática é o método mais utilizado para o tratamento de resíduos plásticos. Este método de biodegradação por enzimas microbianas aumenta a taxa de degradação dos plásticos sem causar qualquer dano ao ambiente (Bhardwaj ET la, 2012). O polietileno em grande quantidade acumula-se no ambiente, criando assim problemas ambientais. É necessário degradar o polietileno da atmosfera, pelo que foi feita uma tentativa neste trabalho para isolar os microrganismos que degradam o polietileno.

A contaminação do solo devido à dispersão de H2n industrial e urbano, em que "n" é o número de átomos de carbono. Os resíduos gerados pelas actividades humanas são motivo de grande preocupação ambiental. Várias plantas possuem a capacidade de converter os compostos tóxicos em formas não tóxicas e o processo é conhecido como fitorremediação. O conceito de limpeza de ambientes contaminados com recurso a plantas tem cerca de 300 anos. Uma das principais ameaças ambientais é a lenta/menor taxa de degradação ou a não biodegradabilidade dos materiais orgânicos em condições naturais, por exemplo, os plásticos. Os plásticos de várias formas, como o nylon, o policarbonato, o polietileno, o tereftalato, o polietileno, o polipropileno, o poliestireno, o politetrafluoroetileno, o poliuretano e o cloreto de polivinilo, são utilizados continuamente no nosso quotidiano. Entre os resíduos de plásticos sintéticos produzidos, o polietileno representa cerca de 64%. Segundo os relatórios, o resíduo sólido não degradável mais utilizado é o polietileno, que é um polímero hidrocarboneto linear constituído por longas cadeias de monómeros de etileno (C2 H4). O polietileno é fabricado a partir de matérias-primas petroquímicas baratas, extraídas do petróleo ou do gás, através de uma polimerização catalítica eficaz de monómeros de etileno. O polietileno encontra uma vasta gama de aplicações na vida quotidiana do homem devido à sua facilidade de processamento para vários produtos utilizados no transporte de produtos alimentares, na embalagem de têxteis, no fabrico de instrumentos de laboratório e de componentes automóveis. Vários polímeros, como a lenhina e a parafina, foram registados como sendo degradados por vários microrganismos. Jenhou e Schwartz efectuaram pela primeira vez o estudo comparativo da degradação da parafina e do polietileno e registaram a utilização do polietileno em termos do crescimento de várias bactérias nestes alcenos. Concluíram que os micróbios podem degradar apenas o polietileno de baixo peso molecular (MW até 4800). Dezanove anos mais tarde, foi realizada a degradação da película de polietileno de alta densidade (HDPE) (Mw 93000) e foi documentado que o principal componente degradado contido na película de HDPE é o oligómero de cadeia curta. Não existe qualquer semelhança estrutural entre o polietileno e a lenhina, exceto a ligação carbono-carbono que está a ser quebrada por estes micróbios e que utilizam os polímeros como fonte de carbono.

Situação da poluição por polietileno (PWS)

A utilização de plástico, especialmente de polietileno, está a aumentar de dia para dia. Todos os anos, 25 milhões de toneladas de plásticos sintéticos são acumulados nas costas marítimas e no ambiente terrestre. O polietileno constitui 64% do total de plástico sintético, uma vez que está a ser utilizado em grandes quantidades para o fabrico de garrafas, sacos de transporte, artigos descartáveis, contentores de lixo, margarinas, jarros de leite e tubos de água. Do mesmo modo, só no ambiente marinho, do total de resíduos marinhos, o plástico representa cerca de 60-80% em massa. Todos os resíduos de polietileno, juntamente com outros resíduos de plástico gerados pela atividade humana, acabam por entrar nas águas marinhas através dos rios, canais e esgotos municipais. Por conseguinte, as praias foram consideradas excelentes locais de depósito para os resíduos de polietileno (plástico). Nos locais de deposição, os resíduos de polietileno degradam-se através da meteorização química e mecânica, mas a sua mineralização demora muito tempo e pode permanecer na forma microscópica durante muito tempo. Anualmente, 500 mil milhões a 1 bilião de sacos de polietileno são utilizados regularmente em todo o mundo. O polietileno é forte e altamente durável e leva até 1000 anos para se degradar naturalmente no ambiente. Além disso, o plástico degrada-se com a luz solar em pequenas partes tóxicas que contaminam o solo e a água, onde podem ser acidentalmente ingeridas por animais, entrando assim na cadeia alimentar, especialmente no biota marinho. Para a vida marinha, os resíduos de polietileno são reconhecidos como uma grande ameaça. Por vezes, podem provocar bloqueios intestinais nos peixes, aves e mamíferos marinhos. De acordo com o relatório, devido à poluição por plásticos no ambiente marinho, um mínimo de 267 espécies estão a ser afectadas, incluindo todos os mamíferos, tartarugas marinhas (86%) e aves marinhas (44%). A morte de animais terrestres, como a vaca, foi registada devido ao consumo de sacos de transporte de polietileno. O polietileno provoca o bloqueio do seu trato digestivo. Verificou-se também que o polietileno permanece não digerido no estômago dos animais e que, após a morte dos animais, o polietileno é novamente consumido por outro animal e o ciclo continua. Verificou-se que o polietileno não digerido é responsável por vários problemas nos animais, tais como: durante a digestão, o processo de fermentação e a mistura dos outros conteúdos são dificultados devido à ingestão de polietileno, o que conduz à indigestão; o polietileno ingerido bloqueia a abertura entre o omaso e o retículo, o que conduz à morte do animal se o polietileno não for removido; impactação: devido à acumulação de grandes quantidades de sacos de polietileno, o rúmen torna-se impactante, o que conduz à rumenotomia; timpanismo: Devido à obstrução do retículo e do omaso com polietileno, ocorre uma acumulação de gases no rúmen, o que leva à morte do animal se não for removido corretamente; na via digestiva, em torno do polietileno, ocorre a deposição de sal, o que leva à formação de uma estrutura semelhante a uma pedra, que dificulta a passagem dos alimentos e provoca dor e inflamação do rúmen; imunossupressão: a acumulação de polietileno no estômago dos animais (vaca) leva a um aumento da sensibilidade a infecções, como a septicemia hemorrágica. O plástico de embalagem amplamente utilizado (principalmente polietileno) constitui cerca de 10% do total de resíduos urbanos produzidos em todo o mundo. De acordo com a literatura, todos os anos, centenas de milhares de toneladas de plásticos degradam-se no ambiente marinho, provocando a sua morte. A utilização de polietileno está a aumentar todos os dias e a sua degradação está a tornar-se um grande desafio. No ano 2000, cerca de 57 milhões de toneladas de resíduos plásticos foram gerados anualmente em todo o mundo. Apenas uma fração destes resíduos de polietileno é reciclada, enquanto a maior parte dos resíduos entra nos aterros e demora centenas de anos a degradar-se.

Métodos rentáveis de degradação do polietileno

O processo que conduz a qualquer alteração física ou química das propriedades dos polímeros em resultado de factores ambientais (como a luz, o calor e a humidade, etc.), de condições químicas ou de atividade biológica é designado por degradação dos polímeros. Com base nos factores responsáveis pela degradação dos polímeros, são citados na literatura três tipos de métodos de degradação de polímeros, tais como a fotodegradação, a degradação termo-oxidativa e a biodegradação. A biodegradação é um processo natural de degradação de materiais através de micróbios, como bactérias, fungos e algas. A biodegradação envolve agentes microbianos e não necessita de calor. A matéria orgânica pode ser degradada de duas formas: aerobicamente ou anaerobicamente. Nos aterros sanitários e nos sedimentos, os plásticos são degradados anaerobicamente, enquanto no composto e no solo ocorre a biodegradação aeróbica. A biodegradação aeróbia leva à produção de água e CO_2 e a biodegradação anaeróbia resulta na formação de água, CO_2 e metano como produtos finais. Geralmente, a conversão do polímero de cadeia longa em CO_2 e água é um processo complexo. Neste processo, são necessários vários tipos diferentes de microrganismos, sendo que um leva à decomposição do polímero em constituintes mais pequenos, outro utiliza os monómeros e excreta compostos residuais simples como subprodutos e outro utiliza os resíduos excretados. A eficiência deste método é moderada, mas é amigo do ambiente. Este método é barato e amplamente aceite. Dependendo da formulação dos sacos de transporte de polietileno biodegradável, três tipos, juntamente com um polietileno normal, foram estudados quanto ao seu potencial de degradação na água do mar. Verificou-se que, após 40 semanas de exposição, as superfícies dos sacos de transporte de polietileno biodegradável se degradaram menos de 2%, ao passo que a degradação do polietileno normal foi insignificante.

Utilização de geotêxteis e geossintéticos

Os geotêxteis são materiais versáteis com inúmeras aplicações, baseadas principalmente nas suas propriedades de separação, filtragem, drenagem, reforço, proteção e isolamento. O principal objetivo dos materiais geotêxteis é ajudar a reduzir o stress e a deformação, bem como aumentar a capacidade de suporte e prolongar a vida útil das camadas adicionadas. Isto é conseguido através da colocação de material geotêxtil entre o pavimento existente e a plataforma ou a camada de proteção contra o gelo. Também é colocado sobre a plataforma compactada e coberto com um material de proteção. Além disso, o material geotêxtil é utilizado para evitar assentamentos irregulares, distribuindo uniformemente os efeitos estáticos e dinâmicos no solo em auto-estradas e caminhos-de-ferro. Neste caso, os materiais geotêxteis são sujeitos a efeitos estáticos e dinâmicos no solo das auto-estradas e caminhos-de-ferro. Além disso, os materiais geotêxteis estão sujeitos a forças hidráulicas e mecânicas e devem também impedir o bombeamento de materiais finos para camadas superiores mais grosseiras (Vaitkus, A. et al, 2010).

Fontes dos micróbios que degradam o polietileno

Os seguintes locais foram considerados fontes ricas de micróbios degradadores de polietileno:

a. Solo da rizosfera dos mangais.

b. Polietileno enterrado no solo.

c. Plástico e terra nos locais de descarga.

d. Água do mar.

Mecanismo de biodegradação do polietileno

A degradação do polietileno começa com a fixação de micróbios à sua superfície. Várias bactérias (Streptomyces viridosporus T7A, Streptomyces badius 252 e Streptomyces setoni 75Vi2) e fungos de degradação da madeira produziram algumas enzimas extracelulares que conduzem à degradação do polietileno. Nos fungos de degradação da madeira, o complexo enzimático extracelular (sistema lenhinolítico) contém peroxidases, laccases e oxidases que levam à produção de peróxido de hidrogénio extracelular. Dependendo do tipo de organismo ou estirpe e das condições de cultura, as caraterísticas deste sistema enzimático variam. Para a degradação da lenhina, são necessárias três enzimas, tais como a lenhina peroxidase (Li P), a manganês peroxidase (Mn P) e a fenol oxidase que contém cobre, também conhecida como lacase. Com base nas capacidades destas enzimas lenhíticas, estão a ser utilizadas em várias indústrias, como a agrícola, química, cosmética, alimentar, de combustíveis, de papel, têxtil e, o que é mais interessante, também estão envolvidas na degradação de compostos xenobióticos e corantes. Durante a degradação da lenhina, os compostos fenólicos estão a ser oxidados na presença de H_2O_2 e manganês pela manganês peroxidase (Mn P). O Mn P oxida o Mn II em Mn III e os fenóis monoméricos, os dímeros fenólicos de lenhina e a lenhina sintética são, por sua vez, oxidados pelo Mn III através da formação de radicais fenoxi.

Não existe um relatório deste tipo no caso da degradação do polietileno, mas prevê-se uma tendência semelhante. Os subprodutos do polietileno variam consoante as condições de degradação. Em condições aeróbias, o CO2, a água e a biomassa microbiana são os produtos finais da degradação, ao passo que, em condições anaeróbias/metanogénicas, o CO2, a água, o metano e a biomassa microbiana são os produtos finais e, em condições sulfidogénicas, o H2S, o CO2 e o H2.

Nível de toxicidade dos produtos de polietileno biodegradado

Tanto quanto é do nosso conhecimento, não existe nenhum relatório sobre este aspeto, exceto o de Aswale. A autora testou o nível de toxicidade de todos os produtos biodegradados de polietileno em sistemas animais e vegetais. Entre os sistemas vegetais, testou o nível de toxicidade dos produtos de polietileno degradado juntamente com o filtrado de cultura na taxa de germinação de sementes de Arachis hypogaea (amendoim), Glycine max (soja), Sesamum laciniatum (sementes oleaginosas, sésamo), Helianthus annuus (girassol) e Carthamus tinctorius (cártamo). Foi registada uma diminuição moderada da germinação das sementes. Para o sistema animal, calculou a taxa de mortalidade das larvas de Chironomous e não registou qualquer diferença significativa nas taxas de mortalidade em comparação com o controlo.

Conclusões

Com base na investigação bibliográfica, pode concluir-se que o polietileno é muito útil na nossa vida quotidiana para satisfazer as nossas necessidades. Pode ser utilizado para embalar mercadorias, produtos alimentares, medicamentos, instrumentos científicos, etc. Devido à sua boa qualidade, a sua utilização está a aumentar de dia para dia e a sua degradação está a tornar-se uma grande ameaça. Só na biota marinha morrem anualmente quase um milhão de animais marinhos devido ao seu bloqueio intestinal. Existem vários métodos de degradação do polietileno na literatura, mas o método mais barato, ecológico e aceitável é a degradação com micróbios. Os micróbios libertam enzimas extracelulares, como a lenhina peroxidase e a manganês peroxidase, para degradar o polietileno, mas a caraterização pormenorizada destas enzimas em relação à degradação do polietileno ainda está por fazer. Também se sabia que os micróbios de várias fontes são responsáveis pela degradação do polietileno. Mas ainda é necessário selecionar micróbios eficientes na degradação do polietileno a partir de todas as fontes. A caraterização de micróbios eficientes na degradação do polietileno a nível molecular ainda não está disponível, o que pode ser multiplicado em grande escala para comercializar a biodegradação do polietileno.

CAPÍTULO 3
METODOLOGIA E MATERIAIS

Materiais

Os seguintes materiais foram utilizados durante o projeto de investigação.

❖ Solo de algodão preto

❖ Polietileno

❖ Água

Solo de algodão preto

A amostra de solo perturbado utilizada neste projeto foi obtida num saco de polietileno a uma profundidade de 1,5 m abaixo do solo, junto à Faculdade de Ciências Naturais e Aplicadas, com uma latitude de 10°37'11.727 "N e uma longitude de 12°10'15.438 "E, na Universidade do Exército Nigeriano de Biu. O local faz parte da área, extensivamente coberta pelos solos de algodão preto do Nordeste da Nigéria. Um estudo dos mapas geológicos e de solos da Nigéria (segundo Akinlola e Areda 1983), respetivamente, mostra que o material de origem na área de estudo é uma rocha ígnea básica que, quando intemperizada, formou um solo de algodão preto pouco desenvolvido. As condições climáticas da área governamental local de Biu, Estado de Borno, são caracterizadas por temperaturas elevadas e precipitação sazonal. A temperatura principal varia entre 30°C e 40°C. Caracteriza-se por uma estação seca distinta (outubro - maio) e uma estação das chuvas (junho - setembro).

Resíduos de água de saquetas de polietileno

A água de saqueta de polietileno utilizada neste estudo foi recolhida em sacos de polietileno de áreas e lixeiras em redor dos pontos onde a água de saqueta é vendida, por exemplo, a Haske Table Water Company, lavada para a libertar de areia e óleo, cortada em pedaços mais pequenos manualmente com uma tesoura, seca e pesada antes de realizar o teste. O polietileno de baixa densidade foi recolhido nas imediações. Este polietileno tem tendência para reter tensões e pode aumentar a capacidade de suporte da amostra de solo selecionada.

Água

A água foi obtida de uma torneira no laboratório de Engenharia Civil, IYB Construction company Nigeria Limited, Biu.

Método

O teste foi efectuado em solo de algodão preto e polietileno, seguindo as normas BS 1377 e 1924 (1990). Este método é composto por duas (2) partes, a saber

O teste preliminar

(a) Ensaio de teor de humidade natural.
(b) Ensaios de análise granulométrica
(c) Ensaios de limites de Atterberg.
(d) Testes de gravidade específica
(e) Ensaio de compactação

Teor de humidade natural

Três latas de humidade foram pesadas até 0,0 g e depois enchidas com um espécime representativo da amostra. As latas com a amostra foram pesadas e depois mantidas dentro de uma estufa e a amostra seca foi obtida por diferença de peso, ou seja

$$moisture\ content, w = \frac{\text{mass of water}}{\text{dry mass of soil}} \times 100$$

$$= \frac{M2 - M1}{M2 - M3}$$

Onde M1 = massa do recipiente vazio M2 = massa do recipiente com terra húmida M3 = massa do recipiente com terra seca O aparelho utilizado para este ensaio inclui: balança eléctrica, estufa com controlo termostático e latas de pesagem do teor de humidade. Duas latas foram pesadas como M1 e enchidas com uma pequena quantidade de amostra de solo e pesadas novamente como M2. A amostra foi então colocada numa estufa com as tampas removidas durante 24 horas. A amostra é novamente pesada como M3.

$$M_c = \frac{M_2 - M_3}{M_3 - M_1} \times 100$$

Análise granulométrica (peneira)

O método empregue para determinar a distribuição do tamanho das partículas e a análise do tamanho seco; um processo conhecido como "lavagem por peneiração" foi efectuado em cerca de 300g da amostra de solo de algodão preto. Este processo envolve a lavagem do conteúdo de argila do solo e, em seguida, a colocação da amostra de solo restante na estufa durante 24 horas e a sua pesagem. A amostra foi colocada nas peneiras mais altas e o conjunto (5,00 mm, 3,35 mm, 2,0 mm, 1,18 mm, 850 µm, 60 µm, 425 µm, 300 µm, 150 µm, 75 µm e a bandeja de base) foi vibrado durante 5 minutos. Após a agitação, cada peneira, juntamente com o seu conteúdo, foi então pesada. O peso das peneiras vazias e do tabuleiro que tinham sido pesados anteriormente foi então subtraído dos pesos combinados dos solos retidos nas peneiras e no tabuleiro. Obtém-se assim a amostra de solo efetivamente retida em cada um dos crivos. A soma destes pesos retidos foi comparada com o solo original.

Teste de gravidade específica

Dois frascos de densidade foram limpos e pesados, após o que foram enchidos com água destilada. O frasco de densidade com a água foi pesado novamente. Colocou-se nos frascos de densidade uma amostra de solo seco ao ar que passava pelo peneiro BS n.º 40 (0,425 mm), em partes aproximadamente iguais, e pesou-se. Adicionou-se água a cada um dos frascos, de modo a cobrir apenas o solo, e agitou-se suavemente. Adicionou-se novamente água até à marca de 250 ml e pesou-se.

$$Gs = \frac{W_2 - W_1}{(W_4 - W_1) - (W_3 - W_2)}$$

Em que Gs = Gravidade específica

M1 = massa do frasco de densidade

M2 = massa do frasco de densidade com terra

M3 = massa do frasco de densidade com terra e água M4 = massa do frasco de densidade apenas com água

Os ensaios de limite de Atterberg

O ensaio é efectuado no aparelho Casagrande, no aparelho de ensaio de limite de plástico e no aparelho CBR. Foram realizados ensaios de compactação Proctor padrão para determinar o teor de humidade ótimo e a densidade seca máxima de todas as misturas. Foram preparadas amostras cilíndricas com um diâmetro de 38 mm e uma altura de 76 mm, com o teor de humidade ótimo e a densidade seca máxima correspondentes, por compactação estática. Para a cura, as amostras foram embrulhadas num saco de polietileno e colocadas acima da água num exsicador mantido numa sala. A resistência à compressão não confinada das amostras foi avaliada. Foram determinadas as propriedades de índice do solo orgânico.

Ensaio de compactação

O molde com a sua base anexada foi pesado. 7000 g de solo seco ao ar foram colocados num tabuleiro e pulverizados. Adicionou-se cerca de 4% de água à amostra de solo e colocou-se o molde no chão de betão. O solo húmido foi então compactado em três camadas de massa aproximadamente igual, tendo cada camada recebido 25 golpes do compactador, caindo de uma altura de 300 mm acima da superfície. Os golpes foram distribuídos uniformemente sobre a superfície de cada camada. Após a compactação da terceira camada, o colar foi retirado e a terra foi aparada do topo do molde. O molde e o solo compactado foram pesados e foi obtida uma amostra representativa da parte superior e inferior do solo compactado. A amostra compactada foi então desmoldada e os passos acima foram repetidos para valores crescentes (em 2%) de água adicionada. Isto foi feito até se observar que o peso do solo compactado e do molde diminuiu em comparação com o peso obtido na compactação anterior.
Os testes foram efectuados tanto para o solo de algodão preto não estabilizado como para o estabilizado.

$Pb = W3. \times 1000/V$

Onde; Pb = densidade húmida (kg/m^3) W= Humidade do solo isolado (g)
V= volume do molde

E densidade seca $(p_d) = P_b \times 100/100+w$

Ensaios de engenharia

(a) Ensaio do rácio de suporte Califórnia (CBR).

O rácio de suporte Califórnia (CBR) é definido como a relação entre a força por unidade de área necessária para penetrar uma massa de solo com um êmbolo circular padrão de 50 mm de diâmetro à taxa de 1,25 mm/min e a força necessária para a penetração correspondente de um material padrão. O material padrão é a pedra britada e a carga obtida num ensaio é a carga padrão, sendo este material considerado como tendo um CBR de 100%. O valor do CBR é geralmente determinado para penetrações de 2,5 mm e 5 mm. Quando o rácio a 5mm é consistentemente mais elevado do que o rácio a 2,5mm, é utilizado o valor a 5mm. Caso contrário, o valor a

Utiliza-se 2,5 mm, o que é mais comum. O ensaio CBR é normalmente efectuado em laboratório, quer em amostras não perturbadas, quer em amostras remoldadas, dependendo das condições em que o solo de sub-base é suscetível de ser utilizado. Devem ser envidados esforços para simular em laboratório as condições de pressão e humidade a que se espera que o solo de base seja sujeito no terreno.

$$CBR = PT/PS \times 100$$

Em que PT = Carga de ensaio unitária (ou total) corrigida correspondente à penetração escolhida a partir da curva carga-penetração, e Ps = Carga unitária (ou total) padrão para a mesma profundidade de penetração que para PT. Os valores de CBR são normalmente calculados para penetrações de 2,5 mm e 5 mm. Geralmente, o valor do CBR para uma penetração de 2,5 mm será maior do que para uma penetração de 5 mm e, nesse caso, o primeiro deve ser considerado como o valor do CBR para efeitos de projeto. Se o valor do CBR correspondente a uma penetração de 5 mm for superior ao de 2,5 mm, o ensaio deve ser repetido. Se os resultados forem idênticos, o CBR correspondente à penetração de 5 mm será considerado para efeitos de projeto. O valor do CBR deve ser indicado com a primeira casa decimal.

O ensaio C.B.R., tal como normalizado por vários códigos (Laboratory Determination of CBR), é o seguinte: O aparelho é constituído por um molde cilíndrico com 150 mm de diâmetro interior e 175 mm de altura. Está equipado com um colar de extensão metálico amovível com 50 mm de altura e uma placa de base perfurada amovível com 10 mm de espessura. É igualmente fornecido um disco distanciador circular metálico com 148 mm de diâmetro e 47,7 mm de altura. Está igualmente disponível uma pega para aparafusar no disco e facilitar a sua remoção. É utilizado um compactador metálico normalizado (IS: 9198-1979) para a compactação na preparação de amostras remoldadas. Um peso metálico anular e vários pesos com ranhuras pesando 24,5 N (2,5 kg) cada (147 mm de diâmetro com um orifício central de 53 mm de diâmetro) são utilizados para fornecer a pressão de sobrecarga necessária

A carga pode ser interrompida quando a parte superior do disco deslocador estiver nivelada com a borda do molde. Os provetes dinamicamente compactados podem ser obtidos utilizando o compactador metálico normalizado, de acordo com a "IS: 2720 (Parte VII)-1983-Determinação da relação entre o teor de água e a densidade seca utilizando compactação ligeira" ou a "IS: 2720 (Parte VIII)-1983-Determinação da relação entre o teor de água e a densidade seca utilizando compactação pesada". O molde com a gola de extensão fixada deve ser fixado à placa de base. O disco espaçador é inserido sobre a placa de base e um disco de papel de filtro grosseiro é colocado no topo do disco espaçador. Após a compactação do solo no molde, retira-se o anel de extensão e a parte superior da amostra é raspada ao nível do bordo do molde por meio de uma régua. A placa de base perfurada e o disco distanciador são retirados para registar a massa do molde e do solo compactado. Coloca-se um disco de papel de filtro grosso na placa de base perfurada, inverte-se o molde e o solo compactado, e a placa de base perfurada é fixada ao molde com o solo compactado em contacto com o papel de filtro. Em ambos os casos de compactação, se for necessário embeber a amostra, devem ser colhidas amostras representativas do material antes e depois da compactação para determinação do teor de água. Se a amostra não for embebida, deve ser colhida uma amostra representativa do material após a penetração para a determinação do teor de água.

CAPÍTULO 4

MESAS E DEBATES

4.1 Resultado do ensaio preliminar em solo de algodão preto		
4.1.1 O teor de humidade natural		
Quadro 1		
Contentor n.º X	Y	Z
peso do contentor (g) 15.0	15.0	14.5
Peso do recipiente + amostra húmida (g) 43,80	46.5	46.7
Peso do recipiente + amostra seca (g) 38.0	40.0	40.2
Peso do teor de humidade (g) 5,88	6.5	6.5
Peso da amostra seca (g)30.0	25.0	25.7
% de teor de humidade25 ,6	26.0	25.6
Percentagem média (%) de humidade 4.1.2 Resultado do ensaio de análise granulométrica	25.6%	
Quadro 2		
Peso Retido% Retido	% de aprovação	

Tamanhos de peneira	A	B	A	B	A	B
60mm					100	100
40 mm		46.5		4.65	100	95.4
20 mm	450	580	45	57.8	55	42.2
10 mm	262	250.5	26.1	25	73.9	75
5mm	120.0	89.0	11.9	8.9	88.1	91.1
2mm	85.0	10.3	8.5	1.2	91.5	98.8
1mm	24.0	5.0	2.4	0.5	97.6	99.5
0,5 mm	27.5	8.4	2.7	0.8	97.3	99.2
0,254µm	17.0	5.9	1.7	0.6	98.3	99.4
0,075µm	10.5	3.5	1.1	0.4	98.9	99.6
Panela	4.5	1.2	0.5	0.1	99.5	99.9

Resultado do ensaio de limite de Atterberg (limite líquido e limite plástico)

Quadro 3

Limite de líquido Limite de plástico

Não pode.	1	2	3	4	5	6	A	B
N.º de golpes	-	-	-	-	-	-	-	-
Peso da lata (g)	15.0	14.5	14.5	14.5	15.0	15.0	25.5	27.0
Lata + solo húmido (g)	45.0	48.0	57.0	57.5	60.0	62.5	28.0	30.0
Lata + solo seco (g)	34.0	37.5	42.5	42.5	44.5	46.5	25.5	27.0
Peso do solo seco (g)	19.0	23.0	28.0	28.0	29.5	31.5	10.5	11.5
Teor de humidade (g)	9.0	10.5	15.0	15.0	15.5	16.0	2.5	3.0

Limite plástico médio (%) 2,75

Resultado do teste de gravidade específica

Tabela 4. Peso total em gramas (g)

Peso do contentor vazio (W1)	437.5
Peso do contentor vazio + amostra de solo (W2)	903.0
Peso do contentor + amostra de solo + água (W3)	1271.5
Peso do contentor + água (W4)	1019
Gravidade específica (Gs)	2.19

Resultado do teste de engenharia

Ensaio do rácio de suporte Califórnia para solo de algodão preto (BCS) não encharcado

Quadro 5: utilizando um fator de anel de 1,2

	Marcação		Cargas	
Penetração	Topo	Fundo	Topo	Fundo
0.0	0.0	0.0	0.0	0.0
0.5	3.0	4.0	3.6	4.8
1.0	3.5	6.0	4.2	9.3
1.5	4.5	7.0	5.4	11.0
2.0	5.0	8.4	6.0	10.08
2.5	6.0	9.3	7.2	11.16
3.0	6.5	10.0	7.8	12.0
3.5	7.0	11.0	8.4	12.0
4.0	7.5	12.0	9.0	14.4
4.5	8.0	12.5	9.6	15.5
5.0	9.0	13.3	10.8	15.96
5.5	9.0	14.0	10.8	16.80
6.0	9.5	15.0	11.4	18.0
6.5	10.0	16.0	12.0	19.2

Ensaio do rácio de suporte Califórnia para solo de algodão preto (BCS) embebido

Quadro 6: utilizando um fator de anel de 1,2

	Marcação		Cargas	
Penetração	Topo	Fundo	Topo	Fundo
0.0	0.0	0.0	0.0	0.0
0.5	0.2	0.6	0.24	0.72
1.0	0.5	0.7	0.6	0.84
1.5	0.8	0.9	0.96	1.08
2.0	1.0	1.0	1.2	1.2
2.5	1.2	1.0	2.4	1.2
3.0	1.2	1.0	2.4	1.2
3.5	1.3	1.12	1.56	1.34
4.0	1.5	1.14	1.8	1.37
4.5	1.8	1.16	2.16	1.39
5.0	1.9	1.17	2.28	1.40
5.5	2.0	1.19	2.4	1.43
6.0	2.0	1.2	2.4	1.44
6.5	2.2	1.5	2.64	1.8

Ensaio de engenharia para polietileno variado e BCS em CBR

Resultado do teste de engenharia

A. Teste de limite de líquido

Teste de limite de líquido para diferentes amostras

Solo misturado com polietileno	Limite de líquido
Solo de algodão preto (BCS)	48.2
1 g) Politeno + BCS	47.4
2 (g) politeno + BCS	45.8
3 (g) polietileno + BCS	44.0
4 (g) polietileno + BCS	43.6

B.Ensaio de limite de plástico

Soil mixed with Polythene	Plastic Limit
Black Cotton Soil (BCS)	25.6

Sample	CBR Value
1 (g) polythene + BCS	26.5
2 (g) polythene + BCS	28.2
3 (g) polythene + BCS	38.7
4 (g) polythene + BCS	46.0

C.Teor de humidade ótimo e densidade seca máxima

Amostra	OMC (%)	MDD(g/cm3)
BCS 0%	25.5	2.13
BCS+ 1% Politeno	20.4	1.85
BCS + 2% Politeno	19.5	1.53
BCS + 3% de polietileno	19.4	1.31
BCS + 4% polietileno	19.0	1.17

	2,5 mm	5,0 mm
BCS 0%	4.46	4.16
BCS + 1(g) Polietileno	4.34	3.80
BCS + 2(g) Politeno	5.80	5.25
BCS + 3(g) Polietileno	5.53	5.44
BCS + 4(g) Polietileno	5.72	5.64

F. Teste do rácio de suporte da Califórnia	Ensaio CBR não embebido	
Amostra	Valor CBR	
	2,5 mm	5,0 mm
BCS 0%	5.75	6.07
BCS + 1(g) Polietileno	10.43	12.03
BCS + 2(g) Politeno	15.44	16.78
BCS + 3(g) Polietileno	19.96	20.12
BCS + 4(g) Polietileno	23.37	25.65

Resumo dos testes laboratoriais

Testes	BCS e 0% PWS (g)	BCS e 1% PWS(g)	BCS e 2% PWS (g)	BCS e 3% PWS	BCS e 4% PWS
LL	48.2	47.4	45.8	44.0	43.6
PL	25.6	26.5	28.2	38.7	46.0
(OMC)	21.1	20.4	19.5	19.4	19.0
(MDD)	1.30	1.36	1.42	1.47	1.49
CBR Un encharcado	6.07	12.03	16.78	20.12	25.65
RBC Encharcado	4.46	4.34	5.80	5.53	5.72

CAPÍTULO 5
CONCLUSÃO E RECOMENDAÇÃO

CONCLUSÃO

O estudo conclui que a utilização de polietileno demonstra um potencial promissor na estabilização do solo de algodão preto. A introdução do polietileno tem um impacto percetível nas principais propriedades do solo, incluindo uma redução do índice de plasticidade e uma melhoria da resistência ao cisalhamento. Estas alterações sugerem uma mudança no solo tratado. Além disso, os resultados indicam que o polietileno pode atenuar eficazmente o comportamento de inchaço e retração caraterístico do algodão preto, abordando um desafio significativo nos projectos de construção e de infra-estruturas. A aplicação bem sucedida do polietileno como agente estabilizador abre oportunidades para técnicas de estabilização do solo sustentáveis e económicas, com potenciais implicações para o campo mais vasto da engenharia geotécnica. No entanto, é essencial notar que é necessária mais investigação e estudos de campo para validar os resultados laboratoriais e avaliar o desempenho a longo prazo do solo de algodão preto estabilizado com polietileno em condições reais. Apesar desta necessidade de investigação adicional, o estudo fornece uma base para a exploração de soluções inovadoras e amigas do ambiente para melhorar a estabilidade do solo, particularmente em regiões onde o solo de algodão negro representa um desafio para as actividades de construção.

A. Ensaio de compactação padrão realizado em solo de algodão preto com mistura com percentagens variáveis de polietileno para o cálculo da densidade seca máxima e do teor de humidade ótimo. Verificou-se que, com o aumento da percentagem de solo de algodão preto e de polietileno, há um aumento dos valores da densidade seca máxima e uma redução considerável do teor de humidade ótimo para o solo em questão.

B. O ensaio de California Bearing Ratio realizado em solo de algodão preto com mistura, considerando os valores de penetração de 2,5 mm e 5,0 mm para a mistura de solo, verificou-se que os valores de CBR para a penetração de 2,5 mm são superiores aos valores de penetração de 5,0 mm. Com a realização do ensaio CBR variando a percentagem de polietileno na mistura de solo, verifica-se um aumento dos valores CBR com o aumento da percentagem de estabilizador. Com base nos vários ensaios laboratoriais, de acordo com as normas IS, para o betão poroso, variando a composição, são os seguintes

1) O aumento de alguma percentagem de polietileno aumentará as propriedades de engenharia do solo de algodão preto, o que também aumentará a sua estabilidade.

2) Com a realização do ensaio de CBR variando a percentagem de polietileno na mistura de solo, verifica-se um aumento nos valores de CBR.

3) Verificou-se que, com o aumento da percentagem de polietileno, há um aumento nos valores máximos de densidade seca, enquanto há uma redução considerável no teor de humidade ótimo para o solo em questão.

5) É um dos métodos económicos de estabilização do solo de BC, onde as matérias-primas são mais baratas quando comparadas com outros métodos de estabilização do solo.

RECOMENDAÇÕES

Com base nos resultados do estudo sobre a estabilização do solo de algodão preto utilizando polietileno, podem ser consideradas várias recomendações:

1. Técnicas de aplicação óptimas: fornece orientações pormenorizadas sobre os métodos mais eficazes de aplicação do polietileno para conseguir a estabilização do solo. Isto pode incluir recomendações sobre rácios de mistura, técnicas de

estratificação e métodos de incorporação para maximizar os benefícios do polietileno.

2. Ensaios no terreno: sugere-se a realização de ensaios no terreno para validar os resultados laboratoriais em cenários reais. Isto poderia ajudar a avaliar a praticabilidade e a eficácia da estabilização com polietileno subjacente às condições ambientais e aos cenários de construção.

3. Avaliação do Impacto Ambiental: este objetivo é incentivar mais investigação sobre o impacto ambiental da utilização de polietileno para estabilização do solo. Avaliar os seus efeitos a longo prazo na qualidade do solo, no escoamento da água e nas potenciais consequências ecológicas para garantir práticas de engenharia sustentáveis.

4. Estudos comparativos: recomenda-se a realização de estudos comparativos com outros métodos tradicionais de estabilização do solo. Isto pode incluir a comparação do polietileno com agentes estabilizadores comuns para avaliar a sua relação custo-eficácia, eficiência e respeito pelo ambiente em comparação com as técnicas existentes.

5. Diretrizes para práticas de engenharia: desenvolver diretrizes e recomendações para engenheiros e profissionais da construção interessados em adotar o polietileno para estabilizar o solo de algodão preto. Isto poderia incluir um conjunto de melhores práticas, precauções e medidas de controlo de qualidade para garantir uma implementação bem sucedida.

6. Sensibilização e educação do público: este aspeto realça a importância de sensibilizar e educar as partes interessadas sobre os benefícios e desafios da utilização do polietileno para a estabilização do solo. Isto pode facilitar a tomada de decisões informadas e melhorar a aceitação desta técnica no sector da construção.

Ao fornecer estas recomendações, o estudo contribui não só para a compreensão científica da estabilização do solo, mas também oferece orientações práticas para os profissionais que procuram implementar soluções à base de polietileno no terreno.

REFERÊNCIAS

American Society for Testing and Materials, ASTM C618 (2008) Specification for Fly Ash and Raw or Calcined Natural Pozzolanic for Use as a Mineral Admixture in Portland cement Concrete. Livro anual de normas ASTM, ASTM, Filadélfia, EUA.

Amo, O.O., Fajobi, A.B., & Afekhuai, S.O. (2005). Potencial estabilizador da mistura de cimento e cinzas volantes em solo argiloso expansivo. Jornal de Ciências Aplicadas, 5(9), 1669-1673.

B. Bose, propriedades de geoengenharia de solo expansivo estabilizado com cinzas volantes, Electronic Journal of Geotechnical Engineering, Vol. 17, Bund. J, 2012, pp. 1339- 1353.

Chen,F.H.(1988), "Foundations on expansive soils",Chen & Associates, Elsevier Publicações, E.U.A.
Determinação do limite líquido e do limite plástico. Indian Standard Methods for testing of soils - IS 2720(a) Indian Standard Institution New Delhi, India, Part 5, pp 109 - 144, 1985.

Dr. K.V. Manoj Krishna & Dr. H.N. Ramesh I OSRJMCE vol.2 (Set-Out-2012) PP 21-25 "Strength and FOS performance of Black Cotton Soil treated with Calcium Chloride" IOSRJMCE Vol.2 (Sept. Oct-2012) PP 21-25.

Eldon J. Yoder (1957), "Principles of Soil Stabilization", JHRP Publication Indiana. Pradip D. Jadhao e Nagarnaik, P.B (2008), Influence of Polypropylene Fibres on Engineering Behaviour of Soil - Fly Ash Mixtures for Road Construction, Electronic Journal of Geotechnical Engineering, Vol. 13, Bund.C, pp. 1-11.

Erdal Cokca (2001) "Use Of Class C Fly Ashes for the Stabilization - of an Expansive Soil" Journal of Geotechnical and Geo environmental Engineering

Vol. 127, July, pp. 568- 573.

FM5-410, (2012). Estabilização de solos para estradas e aeródromos. www.itc.nl/~rossiter/Docs/FM5-410. Hebib, S. e Farrell, E.R. (1999). Some Experiences of Stabilizing Irish Organic Soils (Algumas experiências de estabilização de solos orgânicos irlandeses). Procedimentos de Métodos de Mistura Seca para Estabilização Profunda de Solos (pp. 81- 84). Estocolmo: Balkema. Hicks, R. (2002). Guia de Projeto de Estabilização de Solos do Alasca.

Hayward Baker Inc. (2012). Estabilização em massa Melhoria do solo. www.haywardbaker.com.

IS: 2720 (Parte 16) - 1987: Código de prática para o ensaio do rácio de suporte Califórnia".
IS: 2720 (Parte 29) -1975 "Code of practice for Standard proctor test".
IS: 2720 (Parte 4)-1985 "Code of practice for Grain Size Analysis" (Código de prática para análise granulométrica).
IS: 2720 (Parte 5)-1985 "Código de prática para a determinação do limite líquido e plástico".
Kavish S. Mehta, Rutvij J. Sonecha, Parth D. Daxini, Parth B. Ratanpara, Miss Kapilani S. Gaikwad. "Análise das propriedades de engenharia do solo de algodão preto e estabilização com cal". Miss K S. Gaikwad et al Int. Journal of Engineering Research and Applications, ISSN: 2248-9622, Vol. 4, Issue 5, May 2014.

Lin, B., Cerato, A.B., Madden, A.S., & Elwood Madden, M.E. (2013). Efeito da cinza volante no comportamento de solos expansivos: Análise Microscópica. Environmental & Engineering Geoscience, 19(1), 85-94. [11] Vizcarra1, G.O.C., Casagrande, M.D.T., & da Motta, L.M.G. (2014). Aplicabilidade de cinzas de incineração de resíduos sólidos urbanos em camadas de base de pavimentos. Revista de Materiais em Engenharia Civil.

Lopes, L. S. E., Szeliga, L., Casagrande, M.D.T., & Motta, L.M.G. (2012). Aptidão de Cinzas de Carvão para uso em Base de Pavimentos Estabilizados. Geo Congresso 55 (21), 2562- 7759.

Mir, B.A., & Sridharan, A. (2013). Comportamento físico e de compactação de misturas de solo argiloso e cinzas de mosca. Geotech Geol Eng, 31, 1059-1072.

Misra, A., Biswas, D., & Upadhyaya, S. (2005). Comportamento físico-mecânico de misturas de cinzas volantes e argilas de classe C auto-cimentadas. Fuel, 84, 1410-1422.

Sra. Neetu B. Ramteke, Prof. Anil Kumar Saxena, Prof. T. R. Arora. "Estabilização de solo de algodão preto com areia e cimento como sub-base para pavimento". IJESRT ISSN: 2277-9655, (junho de 2014). Pankaj R. Modak, Prakash B. Nangare, "Estabilização de solo de algodão preto usando aditivos" (2012) Vol. 1, Issue 5, IJEIT

Pankaj R. Modak, Prakash B. Nangare, "Estabilização de solo de algodão preto usando aditivos" (2012) Vol. 1, Issue 5, IJEIT.
Parsons, R.L., & Kneebone, E. (2005). Desempenho no terreno de sub-bases estabilizadas com cinzas volantes.
Melhoramento do solo, 9(1), 33-38.
Phani Kumar, B. R., & Sharma, R. S. (2004). Effect of Fly Ash on Engineering Properties of Expansive Soils (Efeito da cinza volante nas propriedades de engenharia de solos expansivos). Journal of Geotechnical and Geo environmental Engineering, 130(7), 764- 767. Kate JM (2005) Strength and volume change behaviour of expansive soils treated with fly ash. Geo Frontiers 2005, ASCE, Publicação Especial Geotécnica.

Phani Kumar, B. R., & Sharma, R. S. (2007). Volume change behavior of fly ash-stabilized Journal of Materials in Civil Engineering, 19(1), 67-74.

Ramesh Babu, K. Niveditha,Dr. B. Ramesh Babu Fizeram o seu trabalho sobre a "Estabilização do Solo de Algodão Preto com Areia e Cimento como Sub-base para Pavimento", Jornal Internacional de Engenharia Civil e Tecnologia (IJCIET) Volume 7, Edição 2, (março-abril 2016).

Sezer, A., Inan, G., Yılmaz, H.R., & Ramyar, K. (2006). Utilização de uma cinza volante com muito alto teor de cal para melhorar a argila de Izmir. Construção e Ambiente, 41, 150-155.

U. G. Fulzele, V. R. Ghane, D. D. Parkhe, (2016). "Estudo de Estruturas em Solo de Algodão Preto", Revista Internacional de Avanços em Engenharia Científica e Tecnológica, ISSN: 2321-9009, (Dez-2016).

Vara Prasad, C.R., & Sharma, R. K. (2014). IOSR Journal of Mechanical and Civil Engineering, PP 36-40.

Zha, F., Yanjun, S.L., Cui, D.K. (2008). Comportamento de solos expansivos estabilizados com cinzas volantes. Nat Hazards, 47, 509-523.

APÊNDICE

Quadro 1: Teor de humidade natural

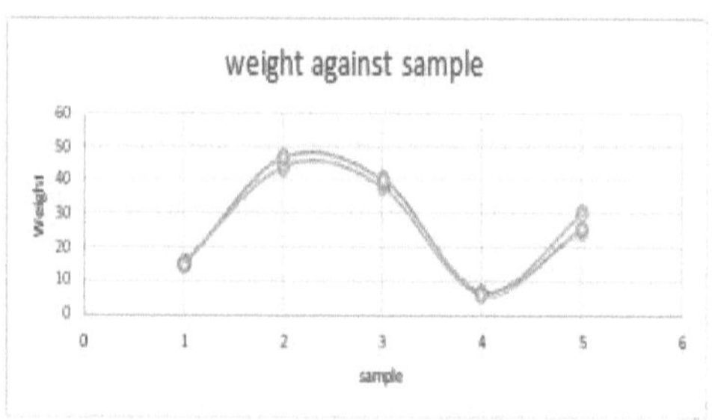

Quadro 2: Análise granulométrica

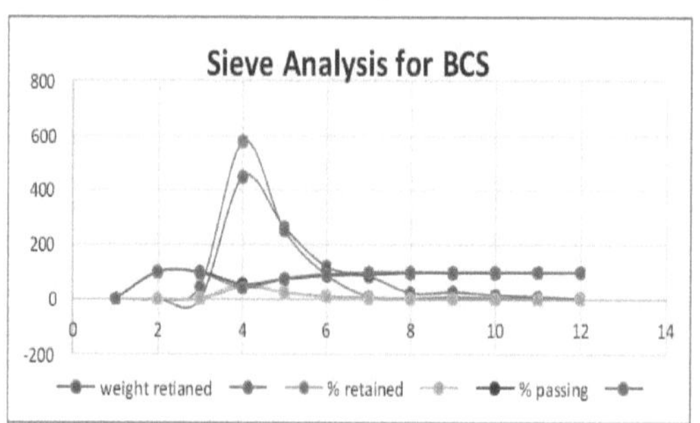

Resultado do ensaio de limite de Atterberg (limite líquido e limite plástico)

Quadro 3

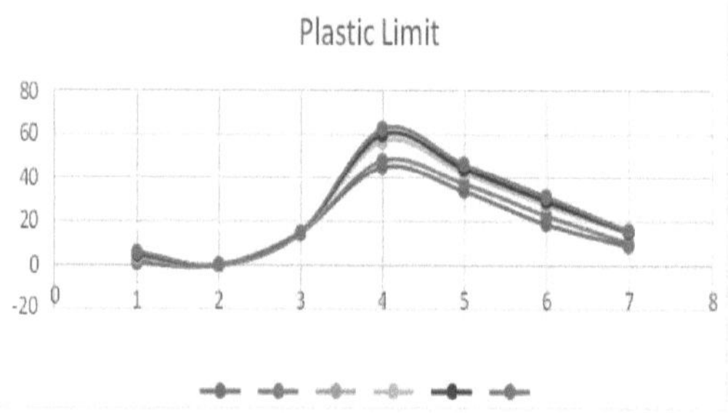

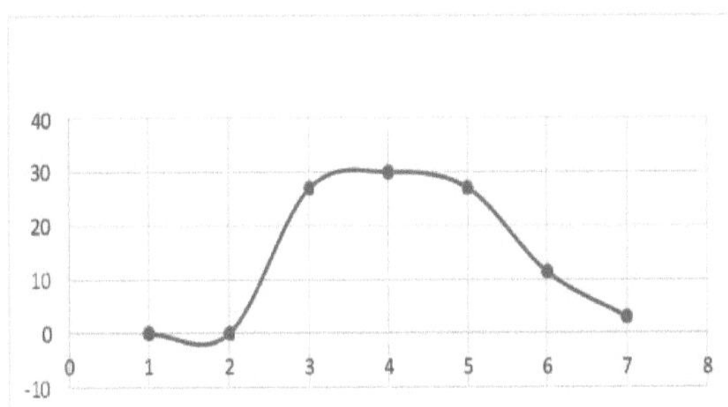

Resultado do teste de gravidade específica Tabela 4. Peso total em gramas (g)

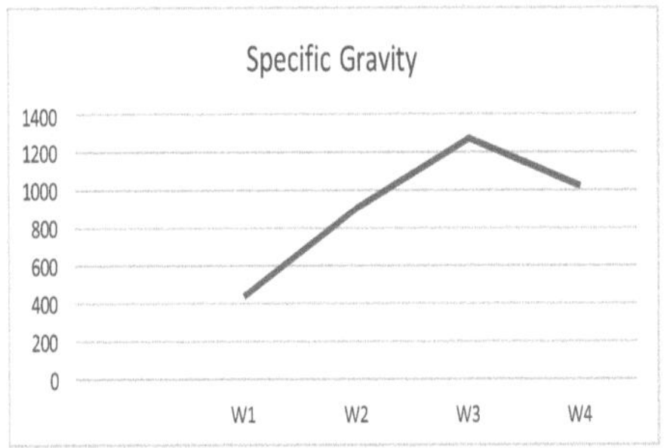

Ensaio do coeficiente de suporte Califórnia para solo de algodão preto (BCS)

não embebido Tabela 5: utilizando um fator de anel de 1,2

Tabelas para BCS e PWS em diferentes %

A. O limite de líquido

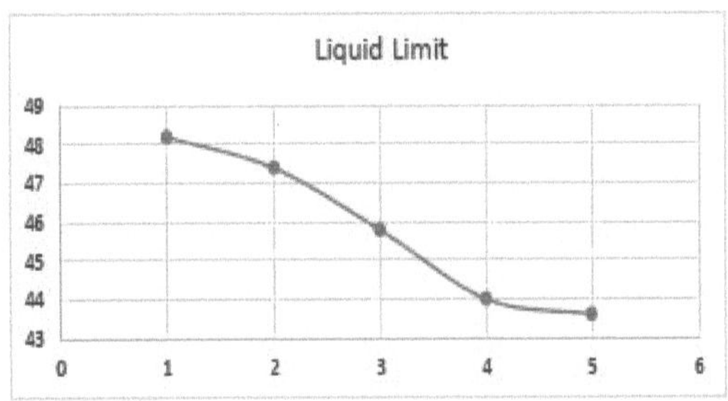

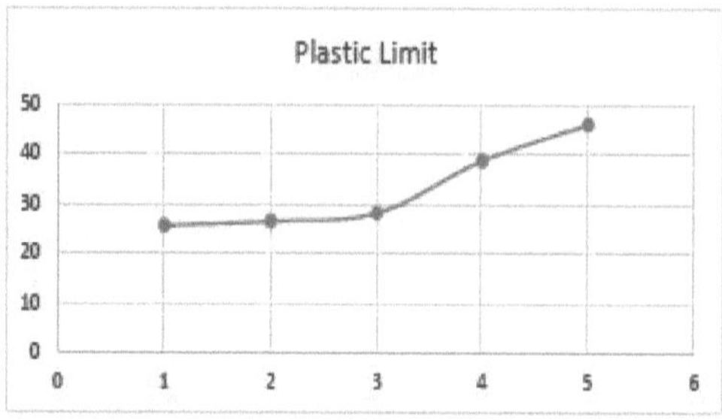

B. o limite plástico

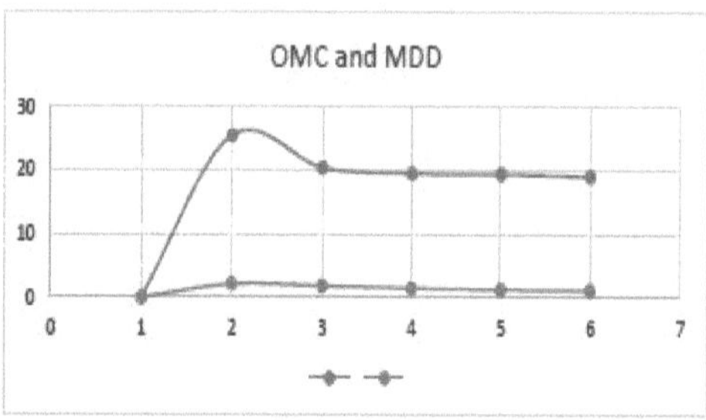

C. OMC e MDD para solo de algodão preto

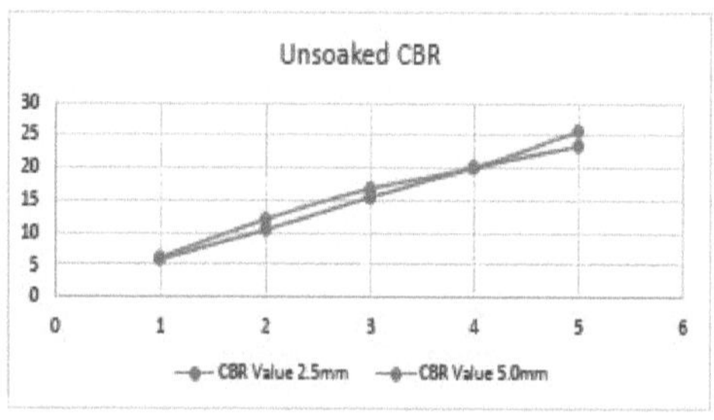

D.CBR não embebido

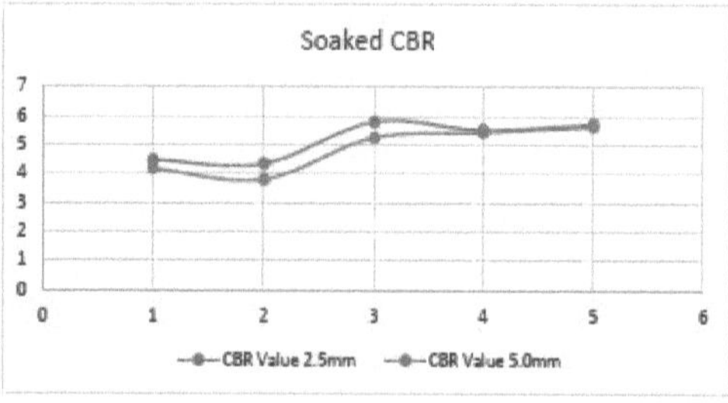

E.CBR embebido

ÍNDICE

Printed by Books on Demand GmbH, Norderstedt / Germany